Tekle Pauzaite

Sequenciação de ADN

ScienciaScripts

Imprint

Any brand names and product names mentioned in this book are subject to trademark, brand or patent protection and are trademarks or registered trademarks of their respective holders. The use of brand names, product names, common names, trade names, product descriptions etc. even without a particular marking in this work is in no way to be construed to mean that such names may be regarded as unrestricted in respect of trademark and brand protection legislation and could thus be used by anyone.

Cover image: www.ingimage.com

This book is a translation from the original published under ISBN 978-3-659-89316-2.

Publisher:
Sciencia Scripts
is a trademark of
Dodo Books Indian Ocean Ltd. and OmniScriptum S.R.L publishing group

120 High Road, East Finchley, London, N2 9ED, United Kingdom
Str. Armeneasca 28/1, office 1, Chisinau MD-2012, Republic of Moldova, Europe
Managing Directors: Ieva Konstantinova, Victoria Ursu
info@omniscriptum.com

ISBN: 978-620-8-59374-2

Copyright © Tekle Pauzaite
Copyright © 2025 Dodo Books Indian Ocean Ltd. and OmniScriptum S.R.L publishing group

Conteúdo

Resumo 2

Capítulo 1. Introdução 3

Capítulo 2. Materiais e métodos 6

Capítulo 3. Resultados 11

Capítulo 4. Discussão 33

Capítulo 5. Conclusão 39

Agradecimentos 41

Referências 42

Resumo

O adenocarcinoma do cólon é o tipo mais comum de cancro gastrointestinal. Por conseguinte, foi efectuada a sequenciação do ADN de fragmentos aleatórios de cDNA numa linha celular Caco-2. Esta experiência foi realizada para encontrar potenciais marcadores biológicos da célula cancerosa ou do enterócito normal, que podem ser úteis no diagnóstico da doença. A sequenciação do ADN foi efectuada utilizando o método de terminação de cadeia com ddNTPs marcados e a sua leitura por um sequenciador de ADN (Beckman Coulter CEQ 2000). Das 11 sequências obtidas com sucesso, 5 fragmentos adquiridos corresponderam parcialmente a sequências de ADN humano e revelaram que os genes completos, aos quais estes fragmentos pertencem, codificariam 3 proteínas humanas diferentes. Estas proteínas são: Guanine Nucleotide-Binding Protein Subunit Beta-2-Like 1; Chromodomain Helicase DNA Binding Protein 4; e Centromere protein J. Verificou-se que estas proteínas desempenham funções na maioria dos tipos de células, incluindo os enterócitos. Além disso, descobriu-se que algumas funções destas proteínas contribuíam ou inibiam os fenótipos cancerígenos das células. Estes resultados controversos podem ser explicados pela quantidade diferente de proteínas nas células e pelo nível e tipo de mutações nas proteínas. Este argumento revela a necessidade de mais investigação e, esperemos, de novas possibilidades de tratamento do cancro.

Capítulo 1. Introdução

A sequenciação do ADN desempenha um papel importante em muitas áreas científicas, como a arqueologia, a antropologia, a genética, a biotecnologia, a biologia molecular, as ciências forenses, etc. A sequenciação do ADN foi descrita pela primeira vez por Sanger e Coulson (1975); foi depois melhorada (Sanger et al. 1977) e tornou-se o método fundamental de sequenciação do genoma (Venter et al. 1996; 2001). A abordagem Shotgun foi considerada o primeiro projeto bem sucedido que gerou uma sequência do genoma humano de 2,91 mil milhões de pares de bases. No entanto, a Celera Corporation, liderada por J. Craig Venter, utilizou dados públicos obtidos através de um método de sequenciação do genoma mais lento e hierarquizado (www, Davidsons College, 2002), pelo que os resultados são considerados controversos até aos dias de hoje. Apesar das divergências, este método de terminação de cadeia foi utilizado neste projeto. No entanto, em vez de ADN genómico fragmentado aleatoriamente, foi utilizado como modelo para a sequenciação o cDNA complementar, que foi transcrito de forma reversa a partir do mRNA mensageiro. A sequenciação do cDNA foi escolhida porque corresponde ao mRNA expresso nas células, fornecendo assim mais informações sobre as proteínas expressas nas células típicas.

O adenocarcinoma do cólon é o tipo mais comum de cancro gastrointestinal, que é uma das principais causas de morte por cancro em todo o mundo (Ji et al. 2011). A taxa de cura do adenocarcinoma é de 80-90% se for diagnosticado nas fases iniciais, de acordo com o Instituto Nacional do Cancro (WWW, cancro). Por conseguinte, os adenocarcinomas são muito investigados e, nesta experiência, foram obtidas amostras de cDNA de células epiteliais humanas de adenocarcinoma colorrectal derivadas de uma linha celular Caco-2. As células Caco-2 foram descobertas pela primeira vez através de experiências com ratinhos (Pogh et al. 1977) e são normalmente utilizadas como protótipo de células de barreira intestinal. Isto deve-se ao facto de que, quando as células Caco-2 são cultivadas in vitro, se diferenciam rapidamente em enterócitos maduros por morfologia e função; e formam a monocamada de células intestinais devido à capacidade de sentir a inibição do contacto (Natoli eta al. 2012; Sambuy et al. 2005). Além disso, a investigação sobre as células Caco-2 pode ser utilizada para descobrir novos biomarcadores de um tumor que possam explicar o seu fenótipo ou agressividade e ajudar a definir o tratamento ou o prognóstico. Assim, as proteínas codificadas pelas sequências encontradas nesta experiência serão analisadas de duas formas: que funções de manutenção ou típicas dos enterócitos poderão desempenhar nas células intestinais normais e como poderão contribuir para o fenótipo cancerígeno.

A abordagem utilizada neste projeto é conhecida como o método de terminação de cadeia ou o método de dideoxinucleótidos (Franca et al. 2002). Utilizando esta técnica, foram produzidas etiquetas de sequências expressas (ESTs) (Parkinsom & Blaxter, 2009) a partir de amostras de cDNA que tinham entre 500-1000 pb (Nagaraj et al. 2007). As ESTs são úteis para descobrir os novos genes e as variantes de transcrição dos genes. Além disso, os ESTs podem ser mapeados em sequências de genes e cromossomas já existentes (Adams et al. 1991). As ESTs foram utilizadas como ferramenta no Projeto Genoma Humano (Adams et al. 1991), onde facilitaram a descoberta de novos genes e foram indicadas como uma técnica útil para a posterior sequenciação do genoma. A sequenciação do genoma e a montagem dos resultados em bases de dados do genoma teve início em meados da década de 1970 e foi rapidamente melhorada, acabando por ser automatizada na década de 1990 (WWW, National Human Genome Research Institute).

Os objectivos do projeto eram clonar e sequenciar cDNAs de células Caco-2. Além disso, o objetivo era analisar as sequências utilizando bases de dados genómicas e bioinformáticas mundiais e ligar as sequências às proteínas, bem como às suas funções. Além disso, um dos principais objectivos da investigação era analisar as funções das proteínas e a forma como poderiam contribuir potencialmente para os atributos físicos e morfológicos das células Caco-2. Isto envolve tanto a forma como a proteína pode desempenhar funções normais no enterócito, como a forma como a proteína pode potencialmente contribuir para as caraterísticas cancerígenas das células epiteliais do adenocarcinoma colorrectal.

Neste trabalho, as sequências obtidas foram comparadas com dados já existentes e a informação adquirida foi analisada com o apoio de estudos anteriores num domínio semelhante. As três proteínas codificadas pelas sequências obtidas foram Guanine Nucleotide-Binding Protein Subunit Beta-2-Like 1, também conhecida como Recetor for Activated C Kinase 1 (RACK1) (Ron et al. 1994); Chromodomain Helicase DNA Binding Protein 4 (CHD4) (Zhang et al. 1998) e Centromere Protein J (CENPJ) (Hung et al. 2000). Cada uma destas proteínas é expressa de forma ubíqua numa variedade de tecidos e não está limitada às células intestinais. Podem desempenhar um conjunto muito diversificado de funções e contribuir para o crescimento normal, a proliferação, a motilidade, a adesão, etc. No entanto, cada uma das proteínas pode contribuir para as caraterísticas cancerígenas da célula; por conseguinte, ambos os impactos possíveis das proteínas serão discutidos no estudo.

Capítulo 2. Materiais e métodos

Reação em cadeia da polimerase

As amostras de cDNA foram obtidas a partir de um adenocarcinoma colorrectal epitelial humano; da linha de células cancerígenas denominada Caco-2. O cADN foi amplificado por PCR (Reação em Cadeia da Polimerase) utilizando 2 conjuntos de primers "âncora" e "arbitrários" diferentes. Uma reação foi realizada utilizando o iniciador de ancoragem AP4 (TTT TTT TTT TTT (AGC)G) e o iniciador arbitrário AUP2 (AGG TGA CCG T); e a outra reação foi realizada utilizando o iniciador de ancoragem AP2 (TTT TTT TTT TTT (AGC)T) e o iniciador arbitrário a montante AUP2. A suspensão de 20µl foi composta por 2µl 10x PCR Buffer, 1µl 50mM cloreto de magnésio, 1,5µl 2,5mM dNTP Mix, 2µl 10µM primer âncora, 2µl 10µM primer arbitrário, 2,5µl amostra de cDNA, 8,5µl água PCR e 0,5µl 2,5U/µl BIOTAQ™ DNA Polimerase. A polimerase de ADN foi adicionada por último e a breve mistura por vórtex e a centrifugação por impulsos foram aplicadas imediatamente a seguir. A PCR incluiu um ciclo de baixa estringência (94°C/1min; 35°C/5min; 72°C/5min) em que os primers arbitrários a montante foram recozidos a cDNAs de cadeia simples com uma frequência relativamente elevada de não correspondências; e este passo foi seguido por 39 ciclos de alta estringência (94°C/1min; 50°C/2min; 72°C/2min) em que os primers de ancoragem (primers oligo-dT) foram recozidos à cauda 3'poliadenilada [poli(A)] dos cDNAs.

Eletroforese em gel de agarose

Para preparar um gel de agarose a 1,5%, dissolveram-se 0,45 mg de grânulos de agarose em 30 ml de tampão TAE 1 x por aquecimento e adicionaram-se 2 µl de solução GelRed. A solução foi aplicada num formador de gel com o pente na parte lateral do cátodo e, quando o gel ficou definido, foram aplicados 300 ml de tampão 1 x TAE no tanque de gel e o pente foi retirado. De seguida, as amostras foram misturadas com 2µl de corante de carga (BPB) e aplicadas nos poços. O NEB Fast DNA Ladder foi utilizado para a avaliação quantitativa e qualitativa das amostras. As amostras foram carregadas com uma corrente de 100 V durante 45 minutos e as bandas foram demonstradas tirando uma fotografia UV com o aparelho Gel Doc.

Limpeza PCR

Para purificar os produtos de ADN amplificados a partir da PCR, foi utilizado o kit de purificação QIAquick PCR (Qiagen). Em primeiro lugar, para ligar o ADN, foram adicionados 15 µl de produto de PCR e 75 µl de tampão PB à coluna roxa e colocados no tubo de recolha de 2 ml. Após cada adição de tampões, as amostras foram centrifugadas durante 1 minuto e o fluxo foi eliminado. O segundo passo consistiu em lavar os produtos adicionando 0,75 ml de tampão PE, centrifugar e eliminar o fluxo como anteriormente, mas estes passos foram repetidos duas vezes. Após este passo, as colunas foram colocadas em tubos de microcentrifugação de 1,5 ml com as tampas removidas e o ADN foi eluído adicionando 50µl de tampão EB (10 mM Tris*Cl, pH 8,5). Desta vez, após a centrifugação, o fluxo foi recolhido, uma vez que continha produtos de PCR. Os produtos foram armazenados a -20°C.

Ligação

Para ligar produtos de ADN de cadeia dupla ao pGEM®-T Easy Vetor, que é um plasmídeo que é cortado com a endonuclease de restrição EcoRV, as amostras foram preparadas conforme identificado no Quadro 1. As amostras foram misturadas e incubadas durante 24 horas a 4°C.

Tabela 1. Preparação da reação de ligação (Shirras et al., 2014).

Componente de reação	Produto PCR Ligação	Controlo positivo	Controlo de antecedentes
Tampão de ligação rápida 2X	5µl	5µl	5µl
pGEM®-T ou pGEM®-T Easy Vetor (50ng)	1µl	1µl	1µl
Produto PCR	1µl	--	--
Controlo Inserção de ADN	--	2µl	--
T4 DNA Ligase (3 unidades Weiss/µl)	1µl	1µl	1µl
Água PCR	2µl	1µl	3µl

Transformação

A reação de transformação foi realizada com células competentes de alta eficiência de *Escherichia coli* JM109. As reações incluíram 50μL de células competentes e 2μL de cada reação de ligação; além disso, 0,1ng (2μL de 50μg/μL) de plasmídeo não cortado pUC19 foi adicionado à reação de controlo da eficiência. As amostras foram mantidas em gelo durante 20 minutos, depois foram colocadas a 42 °C durante 45-50 s para provocar um choque térmico nas células e voltaram a ser colocadas em gelo durante 2 minutos. Após a adição de 950 μL de meio SOC, as suspensões preparadas foram incubadas durante 90 minutos a 37°C com agitação (150rpm).

Cada cultura de transformação foi colocada em placas duplicadas de LB (Luria Broth) agar/ ampicilina/ IPTG/ X-Gal. O ágar era um meio nutricionalmente rico complementado com antibiótico seletivo ampicilina para verificar se o pGEM®-T Easy Vetor com gene de resistência à ampicilina foi transformado nas células bacterianas. As culturas de transformação foram diluídas com meio SOC (Super Optimal Broth with Catabolite Repression). Após 26 horas de incubação, foram observadas colónias brancas nas placas de ágar LB/ampicilina/IPTG/X-Gal frescas. Foram preparadas placas com remendos, dividindo a placa em 16 compartimentos iguais, selecionando aleatoriamente as colónias brancas após a incubação anterior e colocando-as em novos compartimentos da placa para uma incubação de 24 horas. Por fim, as colónias brancas das placas remendadas foram selecionadas aleatoriamente e cultivadas em 4mL de caldo LB, cada um contendo 4μL de 100mg/mL de ampicilina durante 24 horas a 37°C com agitação.

Purificação de plasmídeos

A purificação de plasmídeos foi efectuada utilizando o kit QIAprep® Spin Miniprep (Qiagen). Primeiro, os tubos de 15 ml com culturas bacterianas transformadas foram centrifugados a 5000 rpm durante 5 minutos e o sobrenadante foi removido. Em seguida, as culturas bacterianas foram ressuspendidas adicionando 250 μl de solução P1; as células foram lisadas com 250 μl de solução P2; e a solução foi neutralizada com a adição de 350 μl de solução N3. Os tubos de 1,5 ml foram centrifugados a 13.000 rpm durante 10 minutos e o sobrenadante foi transferido para a coluna QIAGEN que foi colocada no tubo de recolha. Após este passo, as colunas foram centrifugadas a 13.000 rpm durante 30 a 60 segundos e o fluxo foi eliminado. O mesmo método foi aplicado após a adição de 500 μl de tampão PB e e, em seguida, após a adição de 750 μl de tampão PE, também foi aplicado 1 minuto de centrifugação adicional para remover o etanol do plasmídeo. A coluna foi então transferida para novos tubos de 1,5 ml sem tampa e 40 μl de água de PCR foram aplicados no centro da coluna. Após 90 segundos, os tubos foram centrifugados durante 1 minuto e o fluxo que continha o ADN do plasmídeo foi mantido e armazenado a -20°C. Finalmente, a concentração do ADN plasmídico na solução foi obtida por um biofotómetro.

Exame da dimensão da inserção

A digestão de restrição dos plasmídeos foi aplicada usando 6μl de água de PCR, 1μl de tampão de restrição 10 X, 2μl de solução de plasmídeo e 1pl da enzima de restrição EcoRI. As reacções foram incubadas durante 40 minutos a 37°C.

Os produtos após a digestão de restrição foram testados por eletroforese em gel de agarose. As amostras para carregamento foram preparadas pela adição de 2μl de corante de amostra 5 X (BPB) em 10μl de produtos de digestão. Os 5μl de cada amostra foram carregados para análise por eletroforese num gel de agarose a 1,5%. Além disso, o marcador NEB Fast DNA Ladder foi carregado para ajudar na quantificação.

Sequenciação de terminadores de corantes

Foram adicionados 1,5μg de ADN plasmídico à água de PCR para obter uma solução de 30pl. O ADN foi desnaturado a 96 °C durante 6 minutos e 10 μl de cada solução de ADN desnaturado foram misturados com 2 μl de iniciadores M13 forward ou M13 reverse e 8 μl de solução Quick Start contendo dNTPs para a replicação complementar dos ADNs e ddNTPs marcados para a terminação da sequência. As suspensões foram colocadas na máquina de PCR para sequenciação. Os passos (96°C/20s; 50°C/20s e 60°C/4min) foram repetidos 30 vezes e foi efectuado um passo de imersão a 4°C antes de colocar as amostras em armazenamento a -20°C.

Limpeza e dessalinização

O primeiro passo foi precipitar o ADN da reação de sequência de ciclos. Para tal, adicionou-se 1 μl de glicogénio, 2 μl de acetato de sódio 3M (pH 5,2), 2 μl de EDTA 100 mM e 60 μl de etanol a 95% (frio) a cada tubo e misturou-se em vórtex. Em seguida, as amostras foram colocadas a -20°C durante 15-20 minutos e centrifugadas a 13.000 rpm durante 15 minutos. O sobrenadante foi retirado cuidadosamente; em seguida, o procedimento de lavagem foi repetido duas vezes, adicionando 200 ml de etanol a 70%, centrifugando os tubos durante 5 minutos e retirando o sobrenadante. Após a lavagem, os tubos foram deixados na hotte para que o etanol se evaporasse e, em seguida, os pellets foram completamente ressuspensos em 40μl de solução de carregamento de amostras (SLS). As amostras foram introduzidas no sequenciador de ADN (Beckman Coulter CEQ 2000) por injeção eletrocinética.

Bioinformática

Os fragmentos de ADN sequenciados foram analisados por ChromasLite, programa de rastreio Vetor (WWW, VecScreen), NCBI BLAST (WWW, BLAST), Ensembl Human Genome Browser (WWW, Ensembl), NCBI Unigene (WWW, Unigene) e CAP3 Sequence Assembly Program (WWW, Cap3).

Capítulo 3. Resultados

Amplificação do cDNA por Reação em Cadeia da Polimerase

A PCR (reação em cadeia da polimerase) foi realizada no cADN da linha celular de adenocarcinoma epitelial colorrectal humano Caco-2, a fim de amplificar os fragmentos de cADN. A PCR foi repetida 4 vezes com diferentes conjuntos de iniciadores e o sucesso da amplificação foi verificado por eletroforese em gel de agarose (Figuras 1, 2, 3 e 4). As amostras foram coradas com o corante Gel Red e a qualidade das bandas do produto foi comparada com o marcador NEB Fast DNA Ladder (ver figura 1). Os resultados mais bem sucedidos foram obtidos através da PCR com os primers de ancoragem AP4 (PCR1) e AP2 (PCR2) em combinações com os decamers AUP2 (Figura 1). As outras 3 tentativas (Figura 2, 3 e 4) apresentaram o padrão manchado de produtos carregados no gel de agarose. No entanto, as bandas apresentadas na figura 1 indicam que os produtos de PCR amplificados variaram em tamanho de 150 pb a 1000 pb, com as bandas mais fortes entre 300 pb e 500 pb, demonstrando que a maior quantidade de produto amplificado ocorreu neste intervalo.

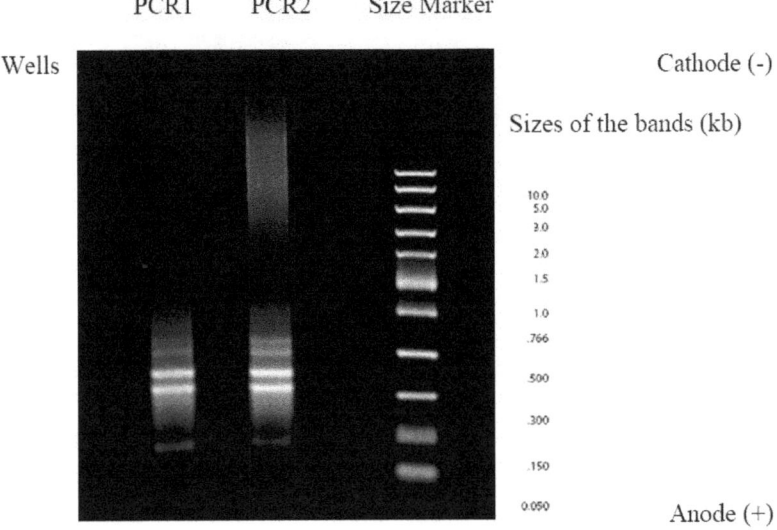

Figura 1. Reacções de PCR em gel de agarose. A reação PCR1 foi realizada com os primers AP4 e AUP2; e a PCR2 com os primers AP2 e AUP2. As amostras foram coradas com o corante Gel Red e comparadas com o marcador NEB Fast DNA Ladder.

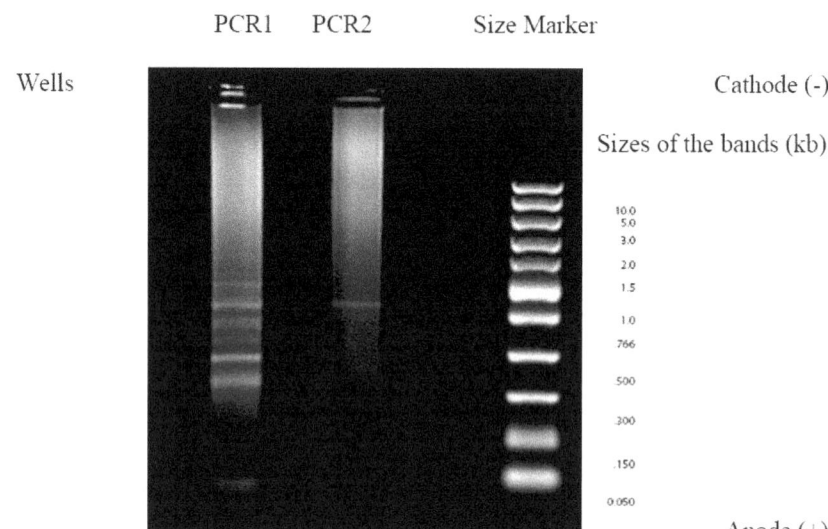

Figura 2. Reacções de PCR em gel de agarose. A imagem UV do gel de agarose mostra a amplificação de 2 reacções PCR (PCR1 com primers AP1 e AUP3; PCR2 com primers AP2 e AUP1).

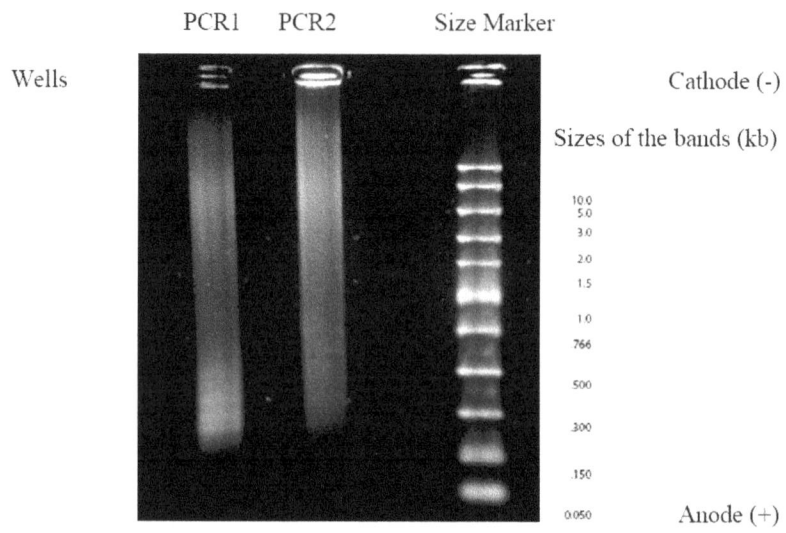

Figura 3. Reacções de PCR em gel de agarose. A imagem UV do gel de agarose mostra a amplificação de 2 reacções PCR (PCR1 com primers AP4 e AUP2; PCR2 com primers AP2 e AUP4). A imagem foi obtida com as reacções de PCR da segunda tentativa. As amostras foram coradas com o corante Gel Red e comparadas com o marcador NEB Fast DNA Ladder.

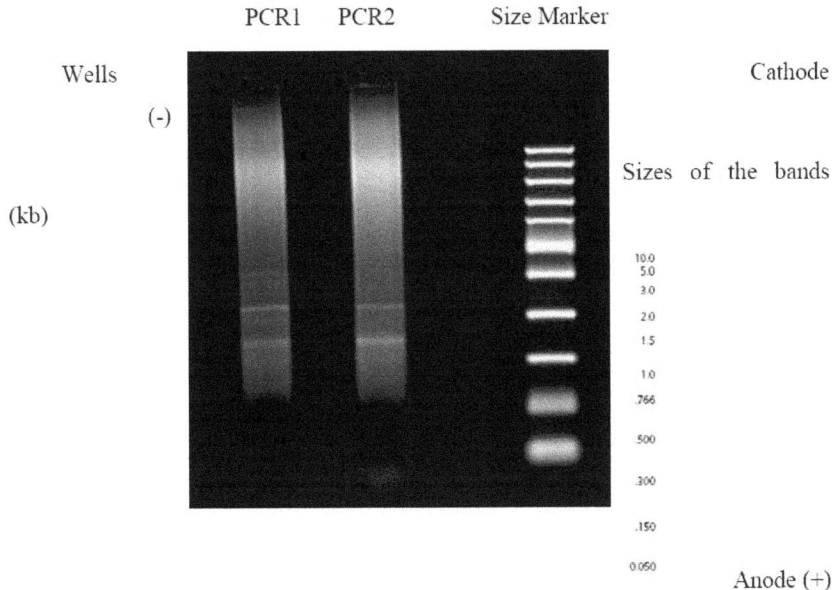

Figura 4. Reacções de PCR em gel de agarose. A imagem UV do gel de agarose mostra a amplificação de 2 reacções PCR (PCR1 com primers AP4 e AUP2; PCR2 com primers AP2 e AUP4). A imagem foi obtida com as reacções de PCR da terceira tentativa. As amostras foram coradas com o corante Gel Red e comparadas com o marcador NEB Fast DNA Ladder.

Purificação e clonagem dos produtos de PCR

Para purificar o ADN de cadeia dupla da PCR, foi utilizado o kit de purificação QlAquick® PCR (Qiagen). Obteve-se cerca de 50µL de produto contendo ADN; contudo, o valor da absorvância a 260nm do produto de PCR 1:50 não foi suficiente para calcular a concentração de ADN.

Para clonar os produtos da PCR, 1 µL da solução contendo ADN de cadeia dupla foi ligado a 1 µL de plasmídeo linearizado de 3015 pb (pGEM®-T Easy Vetor) com nucleótido de timidina adicionado na extremidade 5' para uma ligação eficiente dos produtos da PCR e com sítios de reconhecimento para *EcoRI* para uma digestão de restrição conveniente (WWW, promega). Além disso, foi efectuada uma reação de ligação de controlo positivo com ADN de inserção de controlo e uma reação de controlo de fundo (negativo) sem quaisquer inserções.

A reação de transformação foi processada com células competentes de alta eficiência de *Escherichia coli* JM109. Cada cultura de transformação foi colocada em placas duplicadas de LB (Luria Broth) agar/ampicilina/IPTG/X-Gal, tendo sido contados a cor e o número de colónias (Quadro 2). As colónias brancas indicavam os potenciais clones recombinantes e as figuras 5 e 6 ilustram o aspeto das colónias nas placas PCR1 (1:10) e PCR2 (1:10).

Tabela 2. A cor e o número de colónias de células competentes de E. coli após a transformação com o pGEM®-T Easy Vetor contendo inserções ligadas.

Prato	Número de colónias		
	Branco	Azul pálido	Azul
1) PCR1 (1:100)	9	6	12
2) PCR1 (1:100)	7	3	9
1) PCR2 (1:100)	12	4	13
2) PCR2 (1:100)	4	3	2
1) PCR1 (1:10)	92	20	96
2) PCR1 (1:10)	30	10	80
1) PCR2 (1:10)	70	14	76
2) PCR2 (1:10)	54	10	104
1) Controlo positivo	59	0	3
2) Controlo positivo	18	0	4
1) Controlo de antecedentes	0	0	2
2) Controlo de antecedentes	0	0	3
1) Controlo da eficiência	0	0	432
2) Controlo da eficácia	0	0	0

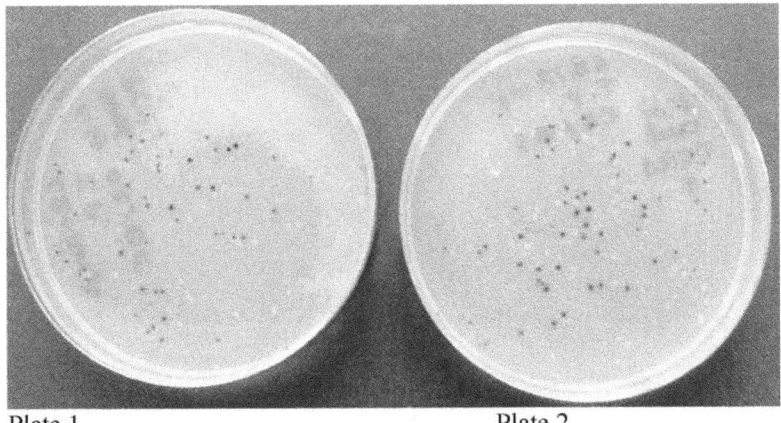

Plate 1   Plate 2

Figura 5. O número e a cor das colónias de E. coli após a transformação com o pGEM®-T Easy Vetor potencialmente contendo produtos PCR1.

Plate 1   Plate 2

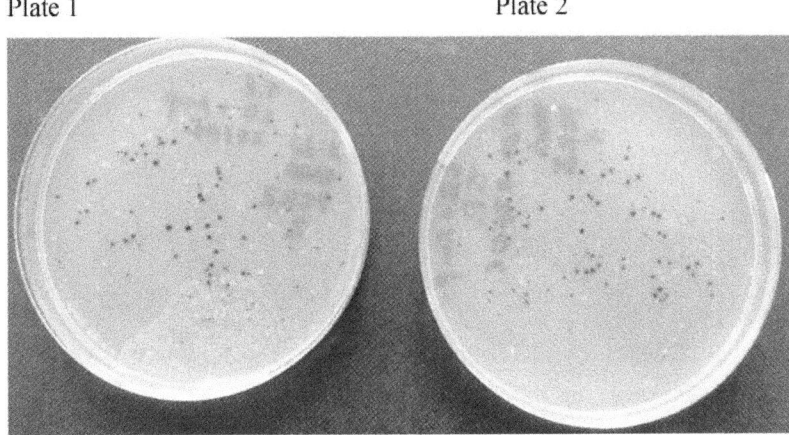

Figura 6. O número e a cor das colónias de E. coli após a transformação com o pGEM®-T Easy Vetor potencialmente contendo produtos PCR2.

Para garantir que as colónias eram recombinantes puras, foram colhidas colónias brancas e colocadas em placas de ágar LB/ampicilina/IPTG/X-Gal frescas. Após incubação, observou-se algum crescimento de colónias azuis (figura 7, 8 e quadro 3); no entanto, foram selecionadas aleatoriamente 18 colónias brancas para análise posterior.

Plate 1					Plate 2

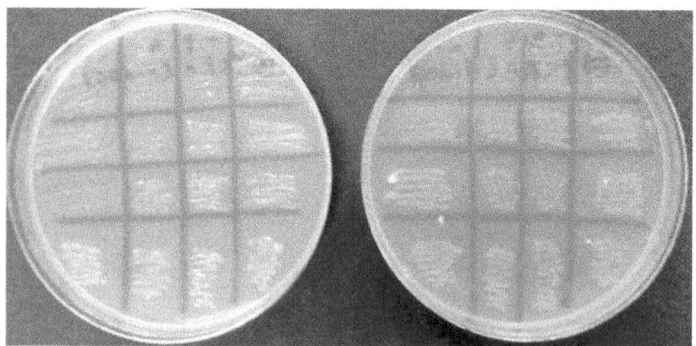

Figura 7. Placa de amostras de colónias de E. coli transformadas com inserções PCR1 em placa de ágar LB/ampicilina/IPTG/X-Gal.

Plate 1					Plate 2

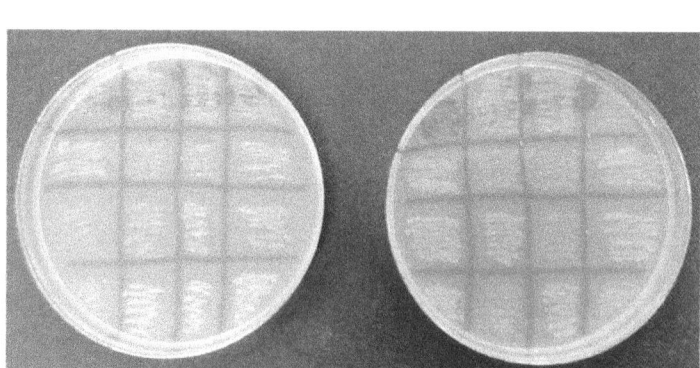

Figura 8. Placa de amostras de colónias de E. coli transformadas com inserções PCR2 em placa de ágar LB/ampicilina/IPTG/X-Gal.

Tabela 3. Aparecimento de colónias de E. coli após segunda sementeira em placas de ágar LB/ampicilina/IPTG/X-Gal.

Prato	Número de colónias	
	Branco	Azul
1) PCR1	7	9
2) PCR1	10	6
1) PCR2	7	9

2) PCR2	10	6

Purificação de plasmídeos

Após a incubação, a purificação do plasmídeo utilizando o kit QlAprep® Spin Miniprep (Qiagen) foi aplicada a 18 culturas bacterianas transformadas e foi obtida a solução contendo ADN plasmídico. Além disso, a concentração de ADN na suspensão foi obtida utilizando o biofotómetro a 260 nm (Tabela 4).

Tabela 4. Concentração final de ADN plasmídico obtido a partir de *E. coli* transformada.

Amostra	Concentração de ADN (µg/mL)
1) Placa 1 PCR1	225
2) Placa 1 PCR1	275
3) Placa 1 PCR1	180
4) Placa 1 PCR1	300
5) Placa 2 PCR1	45
6) Placa 2 PCR1	65
7) Placa 2 PCR1	55
8) Placa 2 PCR1	425
9) Placa 1 PCR2	80
10) Placa 1 PCR2	50
11) Placa 1 PCR2	70
12) Placa 1 PCR2	375
13) Placa 1 PCR2	290
14) Placa 2 PCR2	55
15) Placa 2 PCR2	70
16) Placa 2 PCR2	40
17) Placa 2 PCR2	395
18) Placa 2 PCR2	370

Digestão por restrição de clones recombinantes

Para elucidar os tamanhos das inserções nos plasmídeos obtidos a partir de células *E. coli* transformadas, foi aplicada a digestão de restrição dos clones recombinantes com *EcoRI*, que corta o plasmídeo em ambos os lados da inserção. Os tamanhos foram verificados por eletroforese em gel de agarose (Figura 9).

Parte A

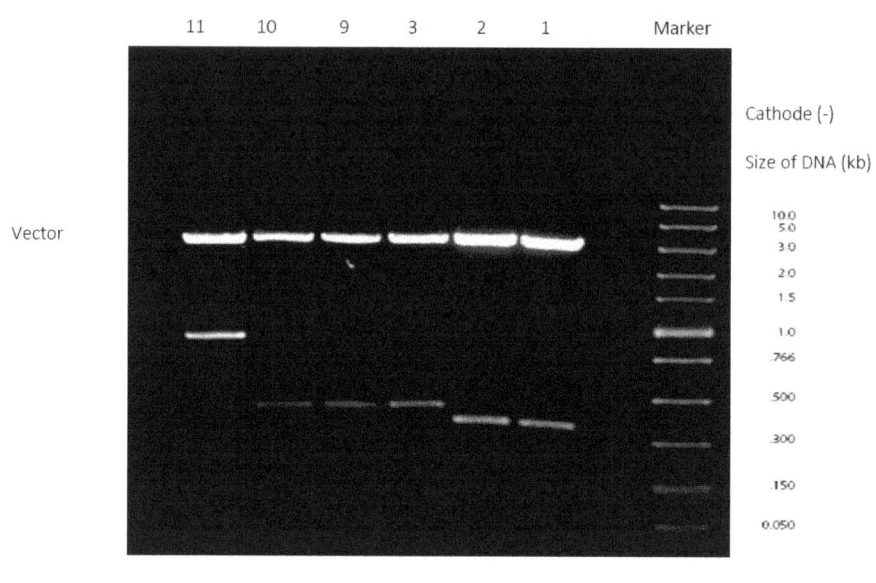

Parte B

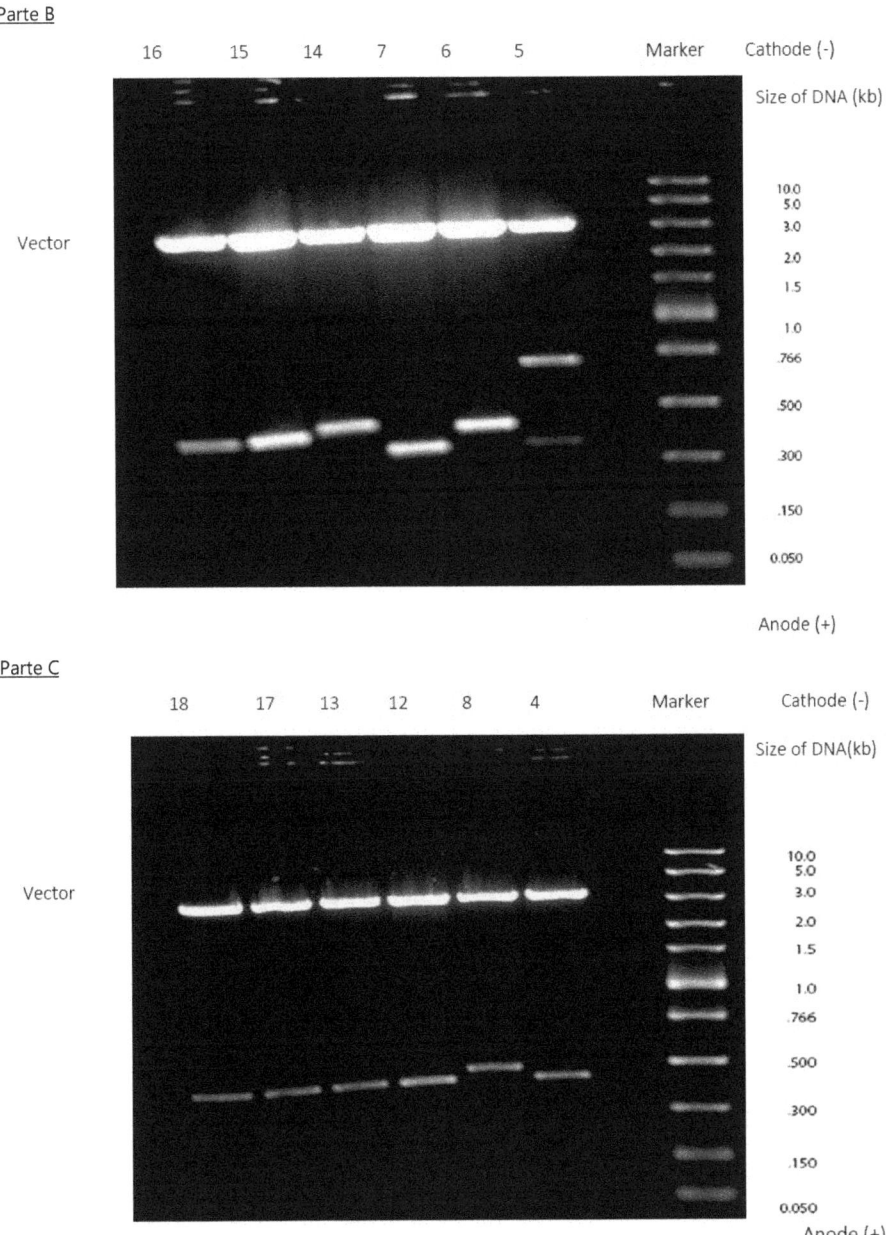

Parte C

Figura 9. Tamanhos das inserções de ADN após digestão de restrição com *EcoRI*.
O ADN foi corado com Gel Red e comparado com o marcador NEB Fast DNA Ladder. As fotografias (partes A, B e C) foram obtidas com o aparelho Gel Doc. A indicação

do número que corresponde a cada reação de PCR e os tamanhos aproximados das inserções são apresentados no quadro 5.

Sequenciação de terminadores de corantes

Para a sequenciação do terminador de corante, foram escolhidas 11 soluções de plasmídeo (ver quadro 5), que apresentavam diferentes tamanhos das inserções no gel de agarose. No total, foram preparadas 13 reacções de sequenciação do terminador de corante; 9 com o iniciador reverso M13, porque estas soluções de plasmídeo (2, 3, 5, 6, 8, 12, 15) continham inserções com menos de 700 pares de bases. As soluções de plasmídeo (4, 11) continham inserções superiores a 700 pb, pelo que foram precedidas de duas reacções de sequenciação para cada solução com os iniciadores M13 forward e M13 reverse.

Tabela 5. A identificação da sequência que representa cada reação de PCR e os tamanhos das bandas no gel de agarose.

Ordem numérica dos produtos de PCR no gel de agarose e tipo de PCR.	Tamanhos aproximados das inserções (bp)	Número e identificação da sequência
2) PCR 1	300	1 (TP1R)
3) PCR 1	500	2 (TP2R)
11) PCR 2	1,000	3 (TP3F)
11) PCR 2	1,000	4 (TP4R)
5) PCR 1	400	5 (TP5R)
6) PCR 1	500	6 (TP6R)
15) PCR 2	300	7 (TP7R)
4) PCR 1	700 e 300	8 (8TPF)
4) PCR 1	700 e 300	9 (9TPR)
8) PCR 1	400	10 (10TPR)
12) PCR 2	300	11 (10TPR)

Os cromatogramas (figura 10) da sequenciação de ADN foram abertos no ChromasLite e convertidos para o formato FASTA (figura 11). O cromatograma da figura 10:A apresenta os traços bem sucedidos da sequenciação de ADN da sequência 4 (TP4R) com fortes projecções únicas, mostrando que o reconhecimento dos nucleótidos marcados era claro e que o erro na sequência era altamente improvável. Este padrão de sequenciação claro foi obtido principalmente no início das sequências com os iniciadores inversos. O cromatograma da figura 10:B mostra um traço mais fraco da sequência 4 (TP4R). As projecções estão sobrepostas, aumentando a probabilidade de erro nos resultados finais da sequenciação. Este padrão foi observado nas extremidades das sequências com os primers reversos e na maioria das sequências com os primers forward.

Parte A

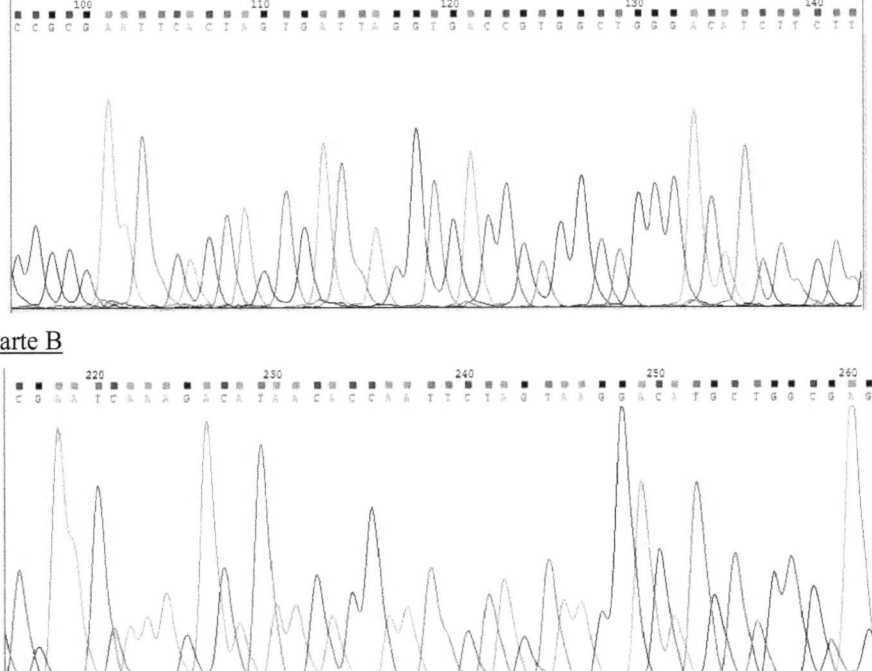

Parte B

Figura 10. A parte A mostra o traço bem sucedido da sequência 4 (TP4R). A parte B ilustra o traço menos nítido da sequência 4 (TP4R).

>TP1R

TATTTAGGTGACACTATAGAATACTCAAGCTATGCATCCAACGCGTTGGGAGCTCTCCCA
TATGGTCGACCTGCAGGCGGCCGCGAATTCACTAGTGATTAGGTGACCGTGTAGCCGGCA
AACAGAGTCTGGCCATCAGCAGACCAGGCCGGGGAGGTGCACTGGGGTGGTTCTGCCTTG
CTGCTGGTACTGATAACTTCTTGCTTCAGTTCATCTACAATGATCTTTCCCTCTAAATCC
CAGATCTTGATGCTGGGGCCTGTGGCAGCACACAGCCAGTAGCGGTTAGGGCTGAAGCAC
AGGGCGTTGATGATGTTCCCACCATCTAGCGTGTTAAGGTGTTTGCCTTCGTTGAGATCC
CATAACATTGCCTGGCCATTCTTGCCCTCCAGAAGCACAGAGGGATTCATCTGGAGAGAC
CGTCACCTTATTCAAATCCCGCCGGCGGCATGGCCGGCCGGAACCTGCCACGTTCGGCCC
CATTCCGCCCCATATGTGAGTTTGTATTAACCAATTCAACCGTGCCCCGGTCGGTTTTTA
A

>TP2R

ATGGATACCCCAAGCGATTTAGGTAGACACTATAGAATACTTCAAGCTATGCATCCAACG
CGTTGGGAGCTCTCCCATATGGTCGACCTGCAGGCGGCCGCGAATTCACTAGTGATTAGG
TGACCGTTACTCGGTACAGGTTTCCATAATATTAAGTTTAGAAGCTTTTCTTGGAAGTGT
GGAATTATCTAATTCGGTTTGACCCTATGCATCACGCCTCCCGGTTATAGACTGCGGATT
TGCCTACAGTCACCAGTTAACGCTTACCCCACAATCCAGTAAGTGGTAAGATTATCCTCC
TCCGTCACTCCATCACTATTATAGAAAGTACAGGAATATTAACCTGTTGTCCATCGGCTA
CGCTTTTCAGCCTCGTCTTANGTTCTGACTAACCCGGGTGGACGAACCTGCCCAAGAAAC
CTTCCCCCATAAGCGTCGTAGATCCTCACTACGAATCGTTACTCATACCGGCATTCTCAC
TTCTAGCGTTACACCAGTCTCACGGTCAACTAATCAATTCCGCGGCCGCCATGGCGGCGG
AGCTGCCACTTGGCCCAATTCCCCAAATAA

>TP3F

GCCAGTGAATAGTAATACGACTGCACTATAGGGCGAATGGGGCCCGACGTCGCATGCTCC
CGGCCGCCATGGCGGCCGCGGGAATTCGATGAGGTGACCGTAACCAGGATGAGACTGAAG
ACACAGAATGGGCAGGGTCATGAATGAATATCTGAGCTCATGGCAAAGTGGCCCAGTATG
TGGTACGGGAAGAAGAGAGTGGGGGAGGAAGAGGAGGTAGAACGGGAAATCATGAAACAG
GAAGAAAGTGTGGATCCTGACTACTGGGAGAAGTTGCTGCGGGCACCATTATGAGCCAGC

AGCAAGAAGATCTAGCCCGAAATCTGGGGGCCAAGGAAAAAGAATCCGTAAACAGGTCAA
CTTACAATGATGGCTCCCAGGAGGACCGAAATTGGCCAAGAACACCCAGTTCACCACCAG
TCCGATTACTCCAGTGGCTCAGGAAGAAGGTTATTTAAGACCTTGATTAACCTTTAAAAA
CCCCCCCCTAAGCCCATTGTTAGGGCCCGCCGAATTAATAAGATACCATTGCCCTCCCCC
TGTTGCCCCGTGTTGGTTGA

>TP4R

ATGATACCCCAAGCTATTTAGGTGACACTATAGAATACTTCAAGCTATGCATCCAACGCG
TTGGGAGCTCTCCCATATGGTCGACCTGCAGGCGGCCGCGAATTCACTAGTGATTAGGTG
ACCGTGGCTGGGACATCTTCTTGTTTTCCTCCACCTCAGCCAGTTCAGGCATGCTCCAGC
GCCCATTAACATGTTCAAACTCCTGAACCTTCTTGCGAATCAAAGACATAACACCAATTC
TAGTAAGGACATGCTGGCGAGACAGGCCTTCTCGGGGGGCACCATCAGCAAAGGTCTCAG
CCCCATCTGCCCCCGGCTCACATTAATGCCGCATGAAAAGAGAGACATATGCCTTGAACT
CTTTCTCTGATTTGCCTCGCAAGTCTCTTACAAGCCACTGGGTAGTAAAAGCATTCTGAA
GTGGCATACCATATCGCATTATTGCATTAAGAAAGGCTTTCGCTGACCAACATTAAAACC
AAGTACTTCAATATTCCCACCAACACCGGGCCAAACAGAAGAAGCAATTGGCCTTATTTT
TAATTCATTTCCGCCAAGGCCCTTTACGAACTGGGGGCCTAACGGGGGGAACCTTCTGAA
AC

>TP5R

GGTTAACTGATAGGCCCAAGCCGATTTAGGTAGACACTATAGAATACTTTCAAGCTATGC
ATCCAACGCGTTGGGAGCTCTCCCATATGGTCGACCTGCAGGCGGCCGCGAATTCACTAG
TGATTAGGTGACCGTTCTCGGTACAGGTTTCCATAATATTAAGTTTAGAAGCTTTTCTTG
GAAGTGTGGAATCATCTAATTCGGTTTGACCCTATGCATCACGCCTCCCGGTTATAGACT
GCGGATTTGCCTACAGTCACCAGTGAACGCTTACCCCACAATCCAGTAAGTGGTAAGATT
ATCCTCCTCCGGTCACTCCATCACTATTATAGAAAGTACAGGAATATTAACCTGTTGGTC
CATCGGCTACGCTTTTCAGCCTCGTTTTAGGTCCTGACTAACCCTGGGTGGACGAACCTT
GGCCCACGGAAACCTTCCCCAATAGGCGTTCGTAAATTCTTCACTACCAATTCGTTACTC
ATACCGGCATTCTCACTTTCCTAACGCTCCACCACGTTCTCACCGGGTCACCTAATTCCA
AATTCCCGCCCGGCCCCCCATGGGCGGGCCCCGGAACATTCCAAACATTNGGCCCCCAAT

TTCGCCCCATTAT

>TP6R

AATGATACCCCAAGCTATTTAGGTGACACTATAGAATACTCTAGCTATGCATCCAACGCG
TTGGGAGCTCTCCCATATGGTCGACCTGCAGGCGGCCGCGAATTCACTAGTGATTAGGTG
ACCGTTTGCATATACGGTTTTAACAGTGCCATCTGGGTATTCCCGTCTCTCTGAACTGGG
CAGTATGTAGTTCTCTTTGGCCATTATTAAACTCTATGAGTTTGTTGCCATCACGTTGTA
CTCTGACAATTGTACCATCTGGGAAAATGCTTTCTTCTTGTCCATCAGGAAATAAGTGTT
TAACAGTCTGGTCAGGAAACGTGATTTCTTTTCTTCCATCTGGGTAATGTTTTTCTATTT
GTCCACTTGAGAAATGTAAGACTTCCAGTCCCTCCGGGTATGTCGTGTGAGTGGTCTGGG
CAGCTGCATAGTAGTAGATCACTCTTTGGTCTGGCATGACCTGCTTCACGTTACCATTAA
AGAAAGTGACCGTGATGGTCTTCCCATCTGCACTCACTTCCCTTCGAGTTCCATTGGGAA
ACCGTATAACACCGGGCACCTCATTTCAATTCCCCGCGGCCGCCATGGGCGGCCCGGGAA
CATTTCCACCTTCGGGGCCCCATTCCCCCCCCATATATTGAATTCTTATTTACCCATCCA
CCCTG

>TP7R

GGGTACATGATACCCCAAGCTGATTTAGGTGACACTATAGAATACTCTTAGCTATGCATC
CAACGCGTTGGGAGCTCTCCCATATGGTCGACCTGCAGGCGGCCGCGAATTCACTAGTGA
TTAGGTGACCGTTCTCGGTACAGGTTTCCATAATATTAAGTTTAGAAGCTTTTCTTGGAA
GTGTGGAATTATCTAATTCGGTTTGACCCTATGCATCACGCCTCCCGGTTATAGACTGCG
GATTTGCCTACAGTCACCAGTTAACGCTTACCCCACAATCCAGTAAGTGGTAAGATTATC
CTCCTCCGTCACTCCATCACTATTATAGAAAGTACAGGAATATTAACCTGTTGTTCATCG
GCTACGCCTTTCAGCCTCGTCTTAAGTTCTGACTAACCCTGGGTGGACGAACCTTGGCCC
AGGGAAACCTTCCCCACAATAAGGCGTNGTTAAGAATTTCTCCACCTTACGGAAATTCGG
TTTAACCTCCATTAACCCGGGCCATTTCCTTCACCTTTTCCCCTAAGCGTTTCCCCAACA
AGTTCCTCCCCCGGTCCACCCTAATTCGAAATTCCCCCCGGCCCGCCCATGGGCGGGCCG
GGGGGGCCATGGCCGACTTTCCGGGGCCCCCAAATTTCCGGCCCCTCTAATAGAGTTGGG
AGGTTTCGGTTAATATTTAACCCAAAAT

>8TPF

TTACCCTAAGCTCGTGAGCCACGACGTGCCATGTTGAATCGTAATACGAGCTGCATCTAT
AGGGGCGAATGCGGGCCCGACGTCCGCATGCTCCCGTGCCGCCATGGTCGGTCCGTCGTG
TGTATATGCCGATCTCACGGTGACCCGTTGCTGGTAACCTACGTAGTGGAGCATCGCCCT
CCTGGCTGGTCATAGCATTTNGCTCGCGGAACTGGCTCCACGTGCTCCTGCGCCCCCAGC
GTCTCAGTGGATTCATCTGTGCGCATTACTNCGGCACCAAGGGAGGCATATGTCGTGNTC
GCTCCAAGACACGTACATAGGAGANTGAGTGTTGCAGGGTTGCATAGCACATTCCAAACT
CCACGGGCCCCTTGCTTCNCTCTCGATTGCTGTTTACCACCCGTTATTNGCCACCACGAG
CNACAGCNGTGTANATCGCTACAGTGGCGATACGTTCTAGGGGAACACCAGAGATGCTAG
AACGGTTGGCGCCATCAGTGTGACCCCACATCATAGGACAAGGTCCTTTGTGACAGTTTC
AGTGTCGCCGTTATATCGTTTCNCGACAATGTTGGGGAGACATACCACTGTTATATTTCG
ACTTTCTTAGGGGGG

>9TPR

TATTTAGGTGACACTATAGAATACTCAAGCTATGCATCCAACGCGTTGGGAGCTCTCCCA
TATGGTCGACCTGCAGGCGGCCGCGAATTCACTAGTGATTAGGTGACCGTAGTAGCTACC
TCCATACATTACTTGCTGAGGCACTCCTATGNCGACGTAGCCAATGCGTCTCTAGTGCGA
AATGCGTGTTGCCCACCATCGTGTGTGCTCAGNGGTTCCATCCGNCAACATGTCGACATT
TGCCTTCGTGGGAAATTACTCGTAGTTTATACCAATTTACATCTCGTCCNTCCTTCCATG
ANATTAACTACNCACCAAAGNCTACAGTTTGGGAGGTGGCGTGTGGTCCCCCCTCCTACC
AATCTAAAAAAGTTAACAACACCTATCAGTAAGATGTCAATGTNCGCAAAGGTTTGGGCC
CCATGANGAGGGGGGAAACCCTTTCCAGAGTTGGCGCNTCCATAGGGTTTAGGGCCATAC
TTTAAGCGACACCCATTGCGCTTACGATGGCGGTTGCGATATGNAGAGGCCGTGGGGGG

>10TPR

ATGNATTACCCCAAGCTATTTAGGTGACACTATAGAATACTCAAGCTATGCATCCAACGC
GTAGGGAGCTCTCCCATATGGTCGACCTGCAGGCGGCCGCGAATNCACTAGTGATTAGGT
GACCGTTACTCGGTACAGGTTTCCATAATATTAAGTATAGAAGCTTTTACTTGGAAGTGT
GGAATCATCTAATTCGGTTTGACCCTATGCATCACGCCTCCCGGTTATAGACTGCGGATT
TGCCTACAGTCACCAGTGAACGCTTACCCCACAATCCAGTAAGTGGTAAGATTATCCTCC

```
TCCGTCACTCCATCACTATTATAGAAAGTACAGGAATATTAACCTGTTGTCCATCGGCTA
CGCCTTTCAGCCTCGTCTTAAGTTCTGACTAACCCTGGGTGGACCAACCTTGGCCCAAGG
AAACCTTCACCCAATTAAGGCCTTCGTAGAATCCTTCAACTTAACCAAATTCGGTTTAAC
TTCAATAAACCCGGCCAATNCTTCAACACTAAACTTAAGCCCCCTTCCACACAAGGTTAC
CCCACCCGGTCAAACCAAATTCCGAATTAACCGGGCGGGCGCCCATTGGCCGGCCCGGGA
AGCATTGCCAACGTTCCGGGGCCCAATTTCCCCCCCCAAATAGAGGGAGTTCTTAATTTA
ACCAAATTACCACCCTTGGCCCCCGTGCTCCGTTTTTATA
>11TPR
CTATTTAGGTGACACTATAGAATACTCAAGCTATGCATCCAACGCGTTGGGAGCTCTCCC
ATATGGTCGACCTGCAGGCGGCCGCGAATTCACTAGTGATTAGGTGACCGTGTAGCCAGC
AAACAGAGTCTGGCCATCAGCAGACCAGGCCAGGGAGGTGCACTGGGGTGGTTCTGCCTT
GCTGCTGGTACTGATAACTTCTTGCTTCAGTTCATCTACAATGATCTTTCCCTCTAATCC
CAGATCTTGATGCTGGGGCCTGTGGCAGCACACAGCCAGTAGCGGTTAGGGCTGAAGCAC
AGGGCGTTGATGATGTCCCCACCATCTAGCGTGTAAAGGTGCTTGCCTTCGTTGAGATCC
CATAACATGGCCTGGCCATCCTTGCCTCCAGAAGCACAGAAGGATCCATCTGGAGAGACC
GTCACCTAATTCAATTCCCGCGGCCGCCGTGGCGGCCGGGAACATGCGACGTTTGGCCCA
AATTCGCCCCTATATGTGAGATCGTATTTACAAATTCACCTGGGCCGGTCGTTTTTAACA
AACGGTCTGTGGACCTGGGGAAAAAACCCCTGGGGCGCGTTAACCCCACCCCTTAAATCG
GCCCTTTGGCAGCCACAATCTCCCCCCTTTGNGGCCAGCCCGGGGCTTTATATTACCCA
AAGAAAA
```

Figura 11. As sequências em formato FASTA. As sequências obtidas pelo DNA Sequencer (Beckman Coulter CEQ 2000) e convertidas para o formato FASTA pelo Chromas Lite. A linha de comentários indica o número da sequência e o primer utilizado (R: Reverse; F: Forward). As sequências marcadas a verde ilustram as sequências do pGEM®-T Easy Vetor (WWW, VecScreen); e as sequências marcadas a amarelo indicam os primers (AUP2). Não foi encontrada a localização do vetor e do primer da sequência >8TPF.

Análise bioinformática das sequências

As sequências foram analisadas utilizando bases de dados de genomas (quadro 6). Após uma comparação primária com a base de dados NCBI/BLAST (WWW, BLAST), verificou-se que 5 sequências (1R, 3F, 4R, 6R, 11R) correspondiam a sequências de genomas humanos; as outras 3 (2R, 5R, 7R) correspondiam a genomas microbianos; 2 das sequências (8F, 9R) não se assemelhavam a quaisquer sequências; e a sequência 10R só foi encontrada através de uma pesquisa de nucleótidos e tinha múltiplas correspondências com genomas humanos e microbianos.

Os fragmentos de ADN sequenciados foram analisados pelo NCBI BLAST (WWW, BLAST), Ensembl Human Genome Browser (WWW, Ensembl), NCBI Unigene (WWW, Unigene) e CAP3 Sequence Assembly Program (WWW, Cap3).

Tabela 6. A identidade da sequência e o produto que potencialmente poderia ser codificado pela sequência que apresentou a pontuação mais elevada de correspondência. O comprimento da sequência obtida pelo sequenciador de ADN (Beckman Coulter CEQ 2000) sem sequências de vectores e iniciadores, o tamanho e a proporção da sequência que corresponde ao genoma humano (Ident) e a probabilidade de a correspondência da sequência obtida com o genoma humano se dever ao acaso (valor E).

Sequência	Produto	Tamanho da sequência obtida (pb)	Ident (%)	Valor E (%)
Sequências que correspondem às sequências do genoma humano					
Sequência 1. TP1R. 2) PCR1 11TPR. 12) PCR2	Guanina Nucleótido Encadernação Subunidade proteica Beta-2-Like 1	431 556	313/324 (97%) 312/316 (99%)	3e-151 2e-158
Sequência 2. Contig de TP3F e TP4R. 11) PCR2	Proteína de ligação ao ADN de cromodomínio helicase 4 (CHD4), mRNA	818	818/818 (100%)	0.0
Sequência 3. TP6R. 6) PCR1	Proteína J do Centrómero (CENPJ),	540	413/440 (98%)	0.0

	mRNA			
Sequências que correspondem à microbiota		. sequências		
TP2R. 3) PCR1	Mycoplasma fermentans Cromossoma JER	570	378/392 (96%)	0.0
TP5R. 5) PCR1	Cromossoma JER de Mycoplasma fermentans	613	381/396 (96%)	0.0
TP7R. 15) PCR2	Mycoplasma fermentos Cromossoma JER	688	313/323 (97%)	1e-149
10TPR. 8) PCR1	Mycoplasma fermentans M64, genoma completo	700	317/332 (95%)	1e-144

Sequência 1

Verificou-se que as sequências TP1R e 11TPR codificam a mesma proteína Guanine Nucleotide-Binding Protein Subunit Beta-2-Like 1, também conhecida como Recetor for Activated C Kinase 1 (RACK1) (Ron et al. 1994). A correspondência da sequência foi analisada pelo Ensembl Human Genome Browser (WWW, Ensembl). As sequências correspondentes mais longas que expressavam o número de pontuação mais elevado e o valor E mais baixo encontravam-se no cromossoma 5 (Figuras 12, 13 e 14).

Figura 12. Correspondência das sequências TP1R e 11TPR no cromossoma humano 5, na localização q21.3.

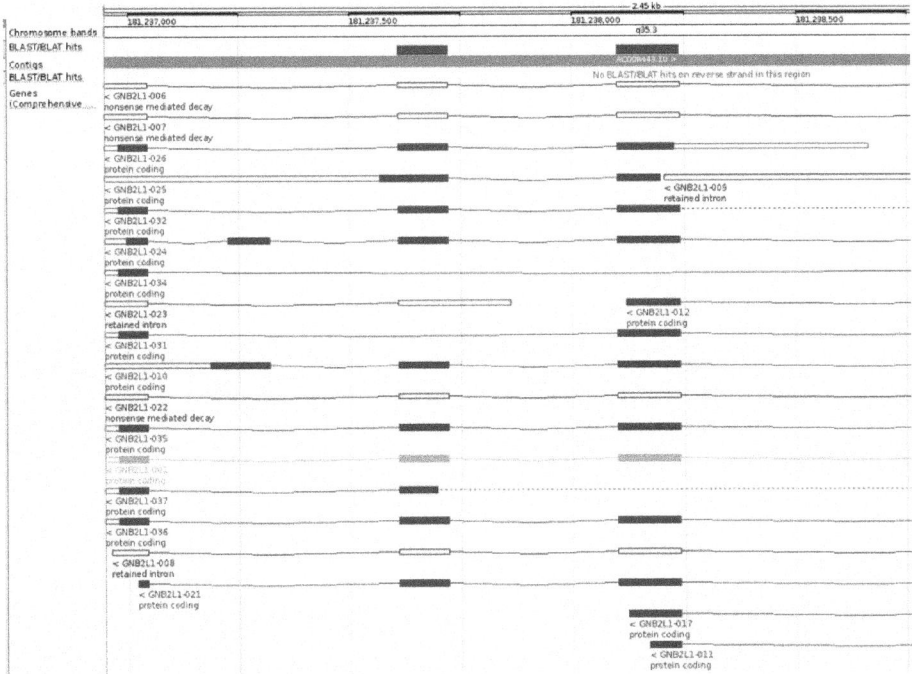

Figura 13. A sequência correspondente no cromossoma 5 na localização 5:181236945181239392 corresponde parcialmente a 2 exões codificadores de proteínas de 9 variantes de transcritos (GNB2L1-026, GNB2L1-025, GNB2L1-032, GNB2L1-024, GNB2L1-010, GNB2L1-035, GNB2L1-001, GNB2L1-036, GNB2L1-021) do gene que codifica a proteína de ligação a nucleótidos de guanina (proteína G), polipeptídeo beta 2-like 1; também correspondeu parcialmente a um exão codificador da proteína de 5 variantes de transcrição (GNB2L1-012, GNB2L1-031, GNB2L1-037, GNB2L1-017, GNB2L1-011); além disso, correspondeu a 2 exões não codificadores de proteínas de 4 variantes de transcrição (GNB2L1-006, GNB2L1-007, GNB2L1-022, GNB2L1-008) e a um exão não codificador de proteínas da variante GNB2L1-023 do gene GNB2L1.

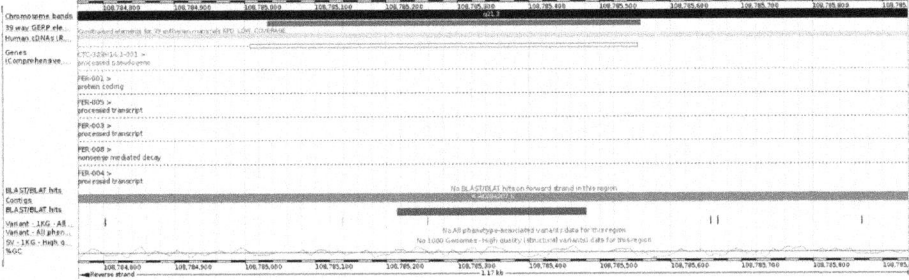

Figura 14. A correspondência na cadeia reversa do cromossoma 5 na localização

108.785.201 - 108.785.493 assemelha-se ao pseudogene.

Sequência 2

As sequências TP3F e TP4R foram obtidas a partir da mesma solução plasmídica 11) PCR2, na qual se verificou que os vectores continham a inserção com cerca de 1000 pb de comprimento. Ambas as sequências foram verificadas com o NCBI BLAST e verificou-se que correspondem à mesma sequência do genoma humano e codificam a mesma proteína. Para montar as sequências direta e inversa, foi utilizado o programa de montagem de sequências CAP3 (Figura 15); no entanto, as sequências tiveram de ser corrigidas utilizando as sequências de alinhamento do NCBI BLAST para obter a sequência Contig.

>Contig (TP3F.TP4R)

```
GGCTGGGACATCTTCTTGTTTTCCTCCACCTCAGCCAGTTCAGGCATGCTCCAGCGCCCA
TTAACATGTTCAAACTCCTGAACCTTCTTGCGAATCAAAGACATAACACCAATTCTAGTA
AGGACATGCTGGCGAGACAGGCCTTCTCGGGGGACACCATCAGCAAAGGTCTCAGCCCCA
TCTGCCCCCGGCTCACATAAATGCCGCATGAAAAGAGAGACATATGCCTTGAACTCTTTC
TCTGATTTGCCTCGCAGGTCTCTTACAAGCCACTGGGTAGTAAAAGCATCCTGAGGTGGC
ATACCATATCGCATAATTGCATTAAGAAAGGCTTTTCGCTGACGAGCATTAAAACCAAGT
ACTTCAATATTCCCACCAACACGGGCCAACAGAGGAGGCAATGGCTTATCTTTATCATTC
CGCAGGCCCTTACGACTGGGCCTACGGGGAGCTTCTGAACGTTCATCAAAGTCTTCATCA
CCTTCCTCTGAAGCCACTGAGTAATCGGACTGGTTGTCGGACTGGTCGTCCTGCCAATCT
CGGTCCTCCTGGGAGCCATCATTGTAGTTGACCTGTTTACGGATTCTTTTTCCTTTGCCC
AGATTTCGGGCTAGATCTTCTTGCTGCTGCTCATAATGGTGCCGCAGCAATTTCTCCCAG
TAGTCAGGATCCACACTTTCTTCCTGTTTAATGATTTCCCGTTCTACCTCCTCTTCCTCC
CCCATTTCTTCTTCCCGTACCACATACTGGGCCACTTTGAATGAGCTCAAATATTCATTC
ATGCCCTGCAATTCTGTGTCTTCAGTCTCATCCTGGTT
```

Figura 15. A sequência Contig (montagem das sequências TP3F e TP4R) (WWW, Cap3).

Verificou-se que a sequência correspondia a 9 localizações de cromossomas humanos;

7 das correspondências estavam no cromossoma 12 e as outras 2 no cromossoma 17. No entanto, o comprimento e os valores de pontuação foram mais elevados para a sequência correspondente no cromossoma 12; assim, apenas esta correspondência foi considerada valiosa (Figuras 16 e 17).

Chromosome 12: 6,690,364-6,694,544

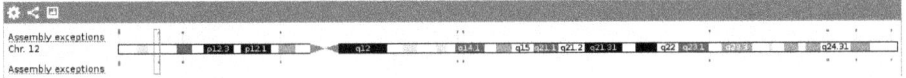

Figura 16. Correspondências da sequência Contig (montagem das sequências TP3F e TP4R) no cromossoma humano 12 na localização p13.3.

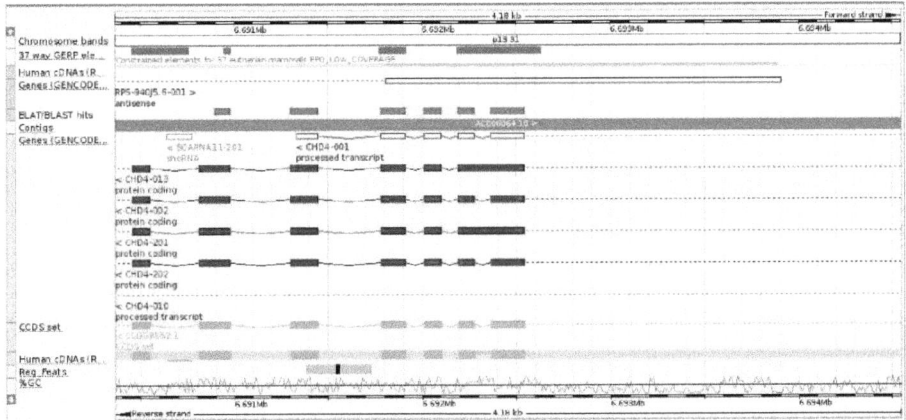

Figura 17. O alinhamento da sequência Contig (montagem das sequências TP3F e TP4R) que foi mais longa e teve a pontuação de correspondência mais elevada. As correspondências foram encontradas na vertente inversa do cromossoma 12 na localização 12:6580304-6586671. A sequência obtida expressou as correspondências parciais com 6 exões codificadores de proteínas de 3 variantes de transcrição (CHD4-013, CHD4-002 e CHD4-201) do gene da proteína 4 de ligação ao ADN da cromodomínio-helicase. Além disso, correspondeu parcialmente aos exões não codificadores de proteínas do mesmo gene (variante de transcrição CHD4-001) na vertente inversa.

Sequência 3

A sequência TP6R foi obtida a partir da solução plasmídica 6) PCR1. A sequência foi encontrada no cromossoma 13 do genoma humano (Figura 18). A sequência correspondente mais longa foi analisada posteriormente (Figura 19).

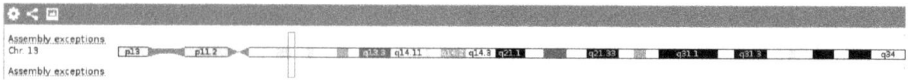

Figura 18. Correspondência da sequência no cromossoma humano 13 na localização q12.1.

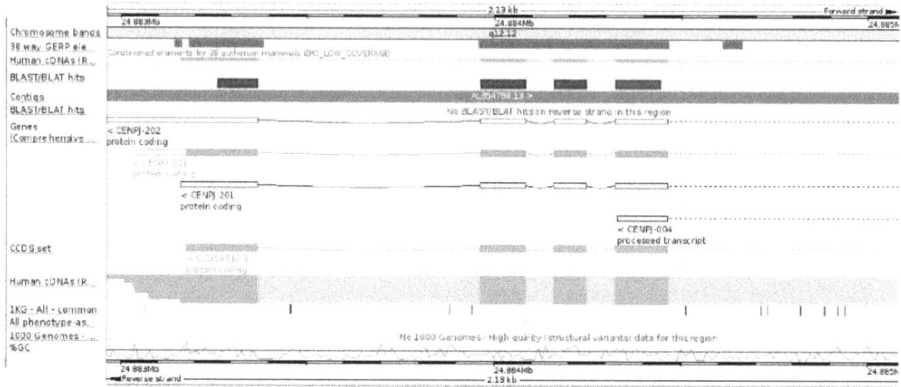

Figura 19. A sequência 3 foi emparelhada na vertente inversa do cromossoma 13 na localização 13:24882960-24885087. Correspondeu parcialmente a 4 exões não codificadores de proteínas de 2 variantes de transcrição (CENPJ-202 e CENPJ-201) do gene da proteína J do centrómero. Além disso, corresponde a 4 exões codificadores de proteínas da variante de transcrição CENPJ-001 do gene da proteína J do centrómero.

Capítulo 4. Discussão

Trabalho de laboratório

Nesta experiência, foram utilizadas amostras já preparadas de cDNA de uma linha celular de cancro humano Caco-2, derivada de adenocarcinoma epitelial colorrectal. Os cDNAs de cadeia simples foram amplificados utilizando o método PCR (Reação em cadeia da polimerase). A PCR foi repetida quatro vezes utilizando diferentes primers e verificada por eletroforese em gel de agarose (1,5%). No entanto, as fotografias das duas primeiras reacções de PCR obtidas pelo aparelho Gel Doc mostravam o padrão manchado das amostras carregadas, apesar de o marcador (NEB Fast DNA Ladder) ter sido carregado correctamente e apresentar bandas uniformes. Os resultados identificaram que o gel de agarose era de boa qualidade e a razão para os resultados manchados não era clara. Foram realizadas outras duas reacções de PCR com a mesma âncora e iniciadores arbitrários (PCR1: AP4 e AUP2; PCR2: AP2 e AUP2). Os produtos da quarta reação apresentaram as bandas mais claras e espessas; por conseguinte, a investigação posterior foi concluída com estas amostras. Os produtos foram purificados com o kit de purificação QIAquick® PCR (WWW, Qiagen). A solução purificada contendo os produtos da PCR tinha um volume de cerca de 50pL; no entanto, a concentração de ADN na solução era insuficiente para o biofotómetro determinar a 260nm. As leituras eram inconsistentes e até negativas, pelo que os resultados não foram incluídos na secção de resultados. Decidiu-se verificar a fiabilidade do biofotómetro com os produtos de PCR da terceira reação, que foram armazenados a -20°C. Obtiveram-se leituras negativas semelhantes, indicando que os produtos de PCR não eram suficientes para determinar a 260nm. Obtiveram-se leituras negativas semelhantes, indicando que o problema poderia residir no aparelho ou na pequena concentração de produtos PCR e não nos métodos experimentais.

Apesar das leituras confusas da concentração do produto de PCR, foram efectuadas mais experiências com os quartos produtos de PCR que apresentaram as bandas mais substanciais no gel de agarose. Os produtos amplificados foram ligados ao pGEM®-T Easy Vetor e transformados em células   células de *Escherichia coli*. O sucesso da ligação e da transformação foi verificado pelo crescimento das bactérias nas placas de ágar LB/ampicilina/IPTG/X-Gal. A ampicilina foi utilizada como um reagente seletivo que impediu o crescimento das bactérias não transformadas . Além disso, o X-Gal foi utilizado para distinguir se o produto da PCR estava inserido na região que codifica a 0-galactosidase. Na experiência, foram preparadas 14 placas, incluindo duplicados das culturas bacterianas com as potenciais inserções de PCR1 e PCR2; controlos positivos, negativos e de eficiência. Apenas uma placa de eficiência não apresentou qualquer crescimento bacteriano devido à condensação de água na placa de ágar. Após a incubação, apenas as colónias brancas (indicando que as células continham o plasmídeo com o gene de resistência à ampicilina e a inserção no gene da β-galactosidase) foram selecionadas aleatoriamente e colocadas nas novas placas LB/ampicilina/IPTG/X-Gal para conferir maior fiabilidade à experiência. O resultado inesperado foi que, após a incubação das placas com os adesivos, quase 50% das colónias adquiriram uma cor azul pálida, o que significa que o plasmídeo não continha a inserção na localização correta. Isto pode ser causado pela eficiência limitada da ligação e da transformação devido à desfosforilação imprevisível dos vectores, às concentrações e proporções do DNA do vetor e do inserto, e à quantidade de DNA utilizada para a transformação (Zhang & Tandon, 2012). Além disso, os grandes tamanhos dos insertos podem causar uma baixa eficiência de ligação e transformação. No entanto, 18 das colónias brancas foram selecionadas aleatoriamente e cultivadas em caldo LB/ampicilina, a fim de obter uma grande quantidade de recombinantes para a purificação dos plasmídeos.

Após a purificação do plasmídeo e a digestão de restrição com EcoRI, os tamanhos das inserções foram verificados e 9 soluções contendo inserções de diferentes tamanhos foram escolhidas para sequenciação. No total, foram preparadas 11 reacções de sequenciação do terminador de corante, porque 2 das sequências exigiam primers forward e reverse. Nas restantes reacções, apenas foram utilizados primers reversos para uma melhor eficiência da sequenciação. Esta medida foi sugerida pelos supervisores do projeto ao considerarem os resultados de projectos anteriores relacionados. Após a limpeza e a dessalinização, a sequenciação foi efectuada pelo sequenciador de ADN (Beckman Coulter CEQ 2000), que se baseia no princípio electroforético. A proporção de sequências humanas foi de 45% de todas as sequências obtidas. A razão presumível para este facto pode ser a contaminação dos materiais de trabalho do laboratório de microbiologia situado nas proximidades. Além disso, a descoberta de sequências de micoplasma pode ser explicada pelo seu estilo de vida intracelular. Isto significa que as células *E. coli* foram infectadas por micoplasma e, assim, as suas sequências foram inseridas no vetor por um processo aleatório.

No entanto, após uma análise mais aprofundada, foram encontradas as sequências que codificam três proteínas diferentes. Duas das sequências foram montadas no Contig (www, Cap3); ambas as sequências tiveram de ser corrigidas em relação às bases de dados genómicas para obter a montagem, pelo que a proporção de correspondência do Contig foi indicada como 100%.

A análise das sequências

A proteína Guanine Nucleotide-Binding Protein Subunit Beta-2-Like 1, também conhecida como Recetor for Activated C Kinase 1 (RACK1) (Ron et al. 1994), foi encontrada parcialmente codificada por duas sequências (TP1R e 11TPR). A correspondência das sequências obtidas com a sequência humana foi de 97-99% com um valor E baixo da correspondência (3e-151 e 2e-158), pelo que se trata de uma parte óbvia da sequência que codifica o GNB2L1 (WWW, OMIM). O gene GNB2L1 codifica a proteína citosólica de 36kDa que foi descoberta como a proteína adaptadora da proteína quinase C (PKC) (Ron et al. 1994). A proteína GNB2L1 é um homólogo da subunidade beta da família da proteína G e é expressa de forma ubíqua na maioria dos tipos de células. Está agora elucidado que a GNB2L1 interage com muitas proteínas de sinalização; principalmente com a PKC (proteína quinase C), mas também com a Src (tirosina quinase) e a PDE4D5 (fosfodiesterase específica do AMPc) (Doan et al. 2007; Serrels et al. 2010) e está envolvida em muitas vias celulares, como a proliferação celular, a motilidade, a adesão e a apoptose (Mccahill et al. 2002; Hu et al. 2013). Verifica-se que a proteína GNB2L1 contribui para o desenvolvimento de muitas linhas celulares cancerígenas, bem como de células Caco-2 (Imperlini et al. 2013). No entanto, nos últimos anos, foram descritas algumas funções bastante controversas no desenvolvimento do cancro. Por exemplo, a proteína GNB2L1 é conhecida como uma das principais proteínas incluídas nas vias de migração, motilidade e adesão celulares (Doan et al. 2007; Hu et al. 2013; Serrels et al. 2010; Wang et al. 2011). Por conseguinte, foi considerada uma proteína que contribui para a invasão do cancro e a formação de metástases. Além disso, a sobreexpressão da proteína inibe a apoptose celular efectiva (Subauste et al. 2009), aumentando assim o risco de sobrevivência das células mutadas e de replicação posterior. Por outro lado, alguns estudos afirmam que a proteína GNB2L1 é necessária para o controlo normal do ciclo celular pelo ponto de verificação da fase G1 (Mamidipudi et al. 2007) e até suprime a tumorigénese de alguns tipos de cancro (Deng et al. 2012). Em geral, a proteína GNB2L1 está envolvida em muitas vias de sinalização da célula. Contribui para a proliferação normal, a inibição do contacto e a diferenciação da célula intestinal. No entanto, pode reforçar algumas funções típicas do adenocarcinoma do cólon; por exemplo, a principal função da proteína pode ser a contribuição para a adesão das células através da regulação da atividade da Src e da dinâmica da Paxilina (Doan et al. 2007; Michael, 2001). Em conclusão, a sequência que codifica a proteína GNB2L1 encontrada nesta experiência era uma sequência esperada e típica para esta linha celular. Esta proteína mantém as funções normais dos enterócitos, mas também pode contribuir para as caraterísticas cancerígenas das células.

A segunda sequência que codifica a proteína 4 de ligação ao ADN da cromodomina helicase (CHD4) foi obtida a partir da montagem de duas sequências (TP3F e TP4R). O comprimento da sequência obtida com sucesso foi de 818 pb. A proteína CHD4 faz parte do complexo NuRD (nucleosome remodelling and deacetylation) (O'Shaughnessy & Hendrich, 2013). A principal função doméstica da CHD4 é combinar e interligar proteínas do NuRD para remodelar eficazmente a cromatina e desacetilar histonas (Tong et al. 1998; Zhang et al. 1998). Esta estratégia é utilizada principalmente na resposta a danos no ADN, quando é necessária a repressão da transcrição do ADN para reparar o sistema. Além disso, o reparo de quebras de DNA por recombinação homóloga envolve CHD4 que recruta BRIT1 (BRCT-repeat inhibitor of hTERT expression) para lesões de DNA (Pan et al. 2012). Estes processos de reparação de danos no ADN ilustram a importância da CHD4 na integridade celular e na prevenção de mutações. No entanto, a CHD4 está envolvida na progressão do ciclo celular ao regular a desacetilação da p53, contribuindo assim para a sua destruição (Li et al. 2002; O'Shaughnessy & Hendrich, 2013; Polo et al. 2010). Por conseguinte, a CHD4 está indiretamente envolvida na progressão celular através do ciclo celular (Polo et al. 2010). Consequentemente, a grande controvérsia reside no facto de a CHD4 atuar como supressor de tumores ao contribuir para a reparação de danos no ADN e como oposto aos supressores de tumores ao contribuir para a destruição da p53 (Kim et al. 2011; Polo et al. 2010). É ainda controverso se a sobreexpressão ou a depleção de CHD4 contribui mais para o desenvolvimento do cancro. Em geral, a proteína pode estar envolvida em processos celulares normais ou no desenvolvimento de tumores, pelo que a sequência encontrada era altamente esperada e típica das células Caco-2.

A terceira sequência encontrada na experiência foi encontrada para codificar a proteína J do centrómero (CENPJ). É também conhecida como proteína associada ao centrossoma P4.1 (CPAP) (WWW, OMIM). A sequência de sucesso (TP6R) foi obtida com um primer reverso e tinha 540 pb de comprimento, além disso, a possibilidade de a correspondência ser devida ao acaso era de 0% (valor E). A proteína pertence à família das proteínas do centrómero. Está envolvida na duplicação, formação e integridade normais do centrossoma (Tang et al. 2009); além disso, contribui para a formação, nucleação e desmontagem corretas do fuso de microtúbulos (Hung et al. 2000; 2004). Descobriu-se que o CENPJ faz parte dos procentríolos e é responsável pelo comprimento dos centríolos. Por conseguinte, a depleção de CENPJ/CPAP inibe a formação de centríolos, mas a sobreexpressão da proteína provoca a formação de estruturas semelhantes a procentríolos com microtúbulos alongados (Tang et al. 2009). A proteína é vital na divisão e agregação cromossómica de células normais, como os enterócitos. Além disso, em investigações recentes, verificou-se que a CENPJ é uma das proteínas centroméricas mais importantes e que foram encontradas mutações na CENPJ numa quantidade considerável de adenocarcinomas intestinais, bem como em células Caco-2 (Kumar et al. 2013). Por conseguinte, era expetável a presença da proteína CENPJ nas células Caco-2. No entanto, não se tentou encontrar as mutações na sequência que codifica a proteína; além disso, a quantidade da proteína não foi determinada nas células, pelo que é difícil afirmar se a CENPJ contribuiu para o fenótipo cancerígeno das células Caco-2 ou se era apenas uma proteína que desempenhava funções celulares normais.

Capítulo 5. Conclusão

Em geral, a investigação foi efectuada em amostras de cDNA de células Caco-2 de adenocarcinoma do cólon humano. Nesta investigação, foram obtidas sequências que codificam três proteínas humanas. Todas elas não apresentam qualquer restrição considerável em termos de tipo de célula ou de tecido; por conseguinte, não foi surpreendente encontrar estas proteínas nas células da barreira intestinal. Descobriu-se que todas as proteínas desempenham algum papel no desenvolvimento e função normais das células, pelo que podem contribuir para as caraterísticas e desempenho típicos dos enterócitos. Além disso, descobriu-se que todas as proteínas estavam potencialmente envolvidas na tumorigénese e na formação de metástases. No entanto, algumas das descobertas trouxeram conclusões controversas; por exemplo, algumas proteínas podem ter funções duplas na célula, tais como promover e inibir caraterísticas carcinogénicas. Estas funções dependem da quantidade de proteína na célula e da existência de mutações em determinados motivos da proteína. A presente investigação concentrou-se na sequenciação de fragmentos aleatórios de cDNA. Para um estudo futuro, seria recomendável alargar o número de sequências testadas, a fim de obter sequências que sejam apenas restritas aos enterócitos ou determinar quais as proteínas mais abundantes nas células intestinais. Isto permitiria uma análise mais alargada das funções das proteínas em relação mais estreita com o tipo e a localização das células. Além disso, a quantidade de proteínas presentes nas células poderia ser determinada se fosse obtida a sequência completa do cDNA da célula. Isto permitiria comparar os resultados com as gamas de referência normais e verificar se a proteína está sobreexpressa ou empobrecida. Além disso, as sequências adquiridas poderiam ser testadas para detetar possíveis mutações. Isto permitiria compreender melhor se as proteínas desempenham funções normais na célula ou se contribuem para o fenótipo canceroso da célula.

Finalmente, esta investigação foi realizada com o objetivo de aprender e praticar. Revelou como a compreensão da genética se desenvolveu e avançou na viragem do século. Além disso, demonstrou as caraterísticas e funções das células Caco-2 obtidas a partir de adenocarcinoma intestinal, um dos principais cancros a nível mundial. E, finalmente, demonstrou a importância da sequenciação do ADN da célula e como a investigação adicional sobre a função da proteína poderia esclarecer resultados inesperados e questões de o presente estudo.

Agradecimentos

Estou grato ao incrível supervisor do projeto Alan Shirras e, como sempre, a Christine Shirras, muito prestável e solidária, pela assistência, cooperação e explicação de todos os pormenores relativos ao projeto.

Além disso, muito obrigado à técnica de laboratório Judith Young e ao estudante de doutoramento Dan Palmer, que foram extremamente atenciosos e prestáveis.

Além disso, estou grata à minha família por ser compreensiva e me apoiar.

Finalmente, estou em dívida para com Ben Rowan e Filipe Franca pela revisão e ajuda na formatação final do projeto.

Referências

Adams, M.D., Kelley, J.M., Gocayne, J.D., Dubnick, M., Polymeropoulos, M.H., Xiao, H., Merril, C.R., Wu, A., Olde, B., Moreno, R.F. al. et. (1991) Complementary DNA sequencing: expressed sequence tags and human genome project. *Science* **252** (5013): 1651-1656.

Programa de montagem da sequência CAP3 http: //doua.prabi.fr/software/cap3.

Davidson College (2002). "Sequenciamento de genomas inteiros: Hierarchical Shotgun Sequencing v. Shotgun Sequencing". bio.davidson.edu. Departamento de Biologia, Davidson College. Recuperado em 1 [st] de agosto de 2013.

http: //www.bio. davidson.edu/courses/genomics/method/shotgun.html

Deng, Y.Z., Yao, F., Li, J.J., et al. (2012) RACK1 Suprime a Tumorigénese Gástrica através da Estabilização do Complexo de Destruição da beta-Catenina. *Gastroenterologia* **142**: 812-23.

Denslow, S.A. e Wade, P.A. (2007) O complexo Mi-2/NuRD humano e a regulação dos genes. *Oncogene.* **26**(37): 5433-8.

Doan, A.T. e Huttenlocher, A. (2007) RACK1 regula a atividade de Src e modula a dinâmica da paxilina durante a migração celular. *Exp Cell Res* **313**: 2667-79.

Ensembl Human Genome Browser http: //www.ensembl .org/index.**htmlF ranca, L.T.C., Carrilho, E. e Kist, T.B.L.** (2002) A review of DNA sequencing techniques. *Q Rev Biophys* **35**(2): 169-200.

Fogh, J., Fogh, J.M. e Orfeo, T. (1977) Cento e vinte e sete linhas de células tumorais humanas cultivadas que produzem tumores em ratinhos nus. *J Natl Cancer Inst* **59**: 221226.

Hu, F., Tao, Z., Wang, M., Li, G., Zhang, Y., Zhong, H., Xiao, H., Xie, X. e Ju, M. (2013) RACK1 promoveu o crescimento e a migração das células cancerígenas na progressão do carcinoma espinocelular do esófago. *Tumor Biol* **34**: 3893-3899.

Hung, L.Y., Chen, H.L., Chang, C.W., Li, B.R. e Tang, T.K. (2004) Identificação de um novo motivo de desestabilização de microtúbulos no CPAP que se liga a heterodímeros de tubulina e inibe a montagem de microtúbulos. *Molec. Biol. Cell* **15**: 26972706.

Hung, L.Y., Tang, C.J.C. e Tang, T.K. (2000) A proteína 4.1 R-135 interage com uma nova proteína centrossómica (CPAP) que está associada ao complexo gama-tubulina. *Molec. Cell. Biol* **20**: 7813-7825.

Imperlini, E., Colavita, I., Caterino, M., Mirabelli, P., Pagnozzi, D., Del Vecchio, L., Di Noto, R., Ruoppolo, M. e Orru, S. (2013) The secretome signature of colon cancer cell lines. *J Cell Biochem* **114**(11): 2577-87.

Ji, H., Goode, R.J., Vaillant, F., Mathivanan, S., Kapp, E.A., Mathias, R.A., Lindeman, G.J., Visvader, J.E. e Simpson, R.J. (2011) Proteomic profiling of secretome and adherent plasma membranes from distinct mammary epithelial cell subpopulations. *Proteómica* **11**: 4029-4039.

Jiao, S., Moberly, J.B. e Schonfeld, G. (1990) Edição do ARN mensageiro da apolipoproteína B em células Caco-2 diferenciadas. *J Lipid Res* **31**(4): 695-700.

Kim, M.S., Chung, N.G., Kang, M.R., Yoo, N.J. e Lee, S.H. (2011) Genetic and expressional alterations of CHD genes in gastric and colorectal cancers. *Histopatologia* **58**: 660-668.

Kumar, A., Rajendran, V., Sethumadhavan, R. et al. (2013) Identifying Novel Oncogenes: Uma abordagem de aprendizado de máquina. *Interdiscipl Sci Comput Life Sci* **5**(4): 241-246.

Li, M., Luo, J., Brooks, C.L. e Gu, W.J. (2002) A acetilação de p53 inibe a sua ubiquitinação por Mdm2. *Biol Chem* **277**(52): 50607-11.

Ma, X., Chen, K., Huang, S., et al. (2005) Ativação frequente da via hedgehog em adenocarcinomas gástricos avançados. *Carcinogenesis* **26**: 1698-705.

Mamidipudi, V., Dhillon, N.K., Parman, T., et al. (2007) RACK1 inibe o crescimento das células do cólon através da regulação da atividade de Src nos pontos de controlo do ciclo celular. *Oncogene* **26**: 291424.

Matsuoka, S., Ballif, B.A., Smogorzewska, A., McDonald, E.R., Hurov, K.E., Luo, J., Bakalarski, C.E., Zhao, Z., Solimini, N., Lerenthal, Y., Shiloh, Y., Gygi, S.P. e Elledge, S.J. (2007) ATM and ATR substrate analysis reveals extensive protein networks responsive to DNA damage. *Science* **316**(5828): 1160-6.

Mccahill, A., Warwicker, J., Bolger, G.B., Houslay, M.D. e Yarwood, S.J. (2002) The RACK1 Scaffold Protein: A Dynamic Cog in Cell Response Mechanisms. *Mol Pharmacol* **62**: 1261-1273.

Michael, D. e Schaller, M.D. (2001) Paxillin: a focal adhesion-associated adaptor protein. *Oncogene.* **20**(44): 6459-6472.

Nagaraj, S.H., Gasser, R.B. e Ranganathan, S. (2007) A hitchhiker's guide to expressed sequence tag (EST) analysis. *Brief Bioinform* **8**(1): 6-21.

Instituto Nacional de Investigação do Genoma Humano. (27 de dezembro de 2011). Sequenciação de ADN. Disponível: http://www.genome.gov/10001177. Último acesso em 3 de setembro de 2014.

Instituto **Nacional do Cancro.** www.cancer.gov ; acedido através de http://www.cap.org/apps/docs/reference/myBiopsy/ColonAdenocarcinoma.pdf. Último acesso em 7th de setembro de 2014.

Natoli, M., Leoni, B.D., D'Agnano, I., Zucco, F. e Felsani, A. (2012) Boas práticas de cultura de células Caco-2. *Toxicol In Vitro* **26**(8): 1243-6.

NCBI BLAST http://blast.ncbi.nlm.nih.gov/.

NCBI Unigene http : //www.ncbi.nlm.nih.gov/uni gene.

O'Shaughnessy, A. e Hendrich, B. (2013) CHD4 na resposta a danos no ADN e na progressão do ciclo celular: agora já não é tão NuRDy. *Biochem Soc T* **41**: 777-782.

Pan, M.R., Hsieh, H.J., Dai, H., Hung, W.C., Li, K., Peng, G. e Lin, S.Y. (2012) A proteína 4 de ligação ao ADN da cromodomínio-helicase (CHD4) regula a reparação do ADN da recombinação homóloga e a sua deficiência sensibiliza as células para o tratamento com inibidores da polimerase de poli(ADP-ribose) (PARP). *J Biol Chem.* **287**(9): 6764-72.

Parkinson, J. e Blaxter, M. (2009) Expressed sequence tags: an overview. *Methods Mol Biol* **533**: 1-12.

Promega

http://www.promega.co.uk/~/media/files/resources/protocols/technical%20manuals/0/pgem-t%20e%20pgem-t%20easy%20vector%20systems%20protocol.pdf.

Polo, S.E., Kaidi, A., Baskcomb, L., Galanty, Y. e Jackson, S.P. (2010) Regulation of DNA-damage responses and cell-cycle progression by the chromatin remodelling fator CHD4. *EMBO J* **29**: 3130-3139.

Ron, D., Chen, C.H., Caldwell, J., Jamieson, L., Orr, E. e Mochly-Rosen, D. (1994) Clonagem de um recetor intracelular para a proteína quinase C: um homólogo da subunidade beta das proteínas G. *Proc Natl Acad Sci U S A* **91**(3): 839-43.

Sambuy, Y., De Angelis, I., Ranaldi, G., Scarino, M.L., Stammati, A. e Zucco, F. (2005) A linha celular Caco-2 como modelo da barreira intestinal: influência de factores relacionados com a célula e a cultura nas caraterísticas funcionais das células Caco-2. *Cell Biol Toxicol* **21**(1): 1-26.

Sanger, F. e Coulson, A.R. (1975) A rapid method for determining sequences in DNA by primed synthesis with DNA polymerase. *J. Molec. Biol.* **94**: 441-448.

Sanger, F., Nicklen, S. e Coulson, A.R. (1977) Sequenciação de ADN com inibidores de terminação em cadeia. *Proc. Natn. Acad. Sci. USA* **74**: 5463-5467.

Serrels, B., Sandilands, E., Serrels, A., et al. (2010) Um complexo entre FAK, RACK1 e PDE4D5 controla o início da propagação e a polaridade das células cancerígenas. *Curr Biol.* **20**: 1086-92.

Shirras, A. et al. (2014) Projeto de Genética BIOL389: Clonagem e Análise de cDNAs de Tecido Humano. pg. 12.

Subauste, M.C., Ventura-Holman, T., Du, L., et al. (2009) RACK1 regula negativamente os níveis da proteína pró-apoptótica Fem1b em células de cancro do cólon resistentes à apoptose. *Cancer Biol Ther.* **8**: 2297-305.

Tang, C.J.C., Fu, R.H., Wu, K.S., Hsu, W.B. e Tang, T.K. (2009) CPAP é uma proteína regulada pelo ciclo celular que controla o comprimento do centríolo. *Nature Cell Biol* **11**: 825831.

Tong, J.K., Hassig, C.A., Schnitzler, G.R., Kingston, R.E. e Schreiber, S.L. (1998) Chromatin deacetylation by an ATP-dependent nucleosome remodelling complex. *Nature* **395**: 917-921.

VecScreen - http://blast.ncbi.nlm.nih.gov/Blast.cgi.

Venter, J.C., Smith, H.O. e Hood, L. (1996) A new strategy for genome sequencing. *Nature* **381**: 364-366.

Venter, J.C., Adams, M.D., Myers, E.W., et al. (2001) The sequence of the Human Genome. *Science* **291**: 1304-1351.

Wang, F., Yamauchi, M., Muramatsu, M., et al. (2011) RACK1 regula a migração celular mediada por VEGF/Flt1 através da ativação de uma via PI3K/Akt. *J Biol Chem.* **286**: 9097-106.

Zhang, Y., LeRoy, G., Seelig, H.P., Lane, W.S. e Reinberg, D. (1998) O autoantigénio Mi2 específico da dermatomiosite é um componente de um complexo que contém histona desacetilase e actividades de remodelação de nucleossomas. *Cell* **95**(2): 279-89.

Zhang, G. e Tandon, A. (2012) Modelos quantitativos para a clonagem eficiente de diferentes vectores com vários locais de clonagem. *Nature Precedings.* doi: 10.1038/npre.2012.6965.1.

More Books!

I want morebooks!

Buy your books fast and straightforward online - at one of world's fastest growing online book stores! Environmentally sound due to Print-on-Demand technologies.

Buy your books online at
www.morebooks.shop

Compre os seus livros mais rápido e diretamente na internet, em uma das livrarias on-line com o maior crescimento no mundo! Produção que protege o meio ambiente através das tecnologias de impressão sob demanda.

Compre os seus livros on-line em
www.morebooks.shop

info@omniscriptum.com
www.omniscriptum.com

OMNIScriptum